www.ingramcontent.com/pod-product-compliance
Lightning Source LLC
Chambersburg PA
CBHW080942170526
45158CB00008B/2343
9781072527275